EXPLICATION

D'UNE NOUVELLE MANIERE

DE THERMOMETRE

INVENTE'E

Par le Sieur DU VAL, Ingenieur &
Architecte des Bastimens du Roy,

ET MISE AU JOUR

Par le Sieur DU VAL *son fils,*
en l'année 1683.

A PARIS,

Chez ESTIENNE MICHALLET, ruë
S. Jacques, à l'Image S. Paul, prés la
Fontaine S. Severin.

M. DC. LXXXIII.

AVEC PERMISSION.

EXPLICATION

D'UNE NOUVELLE MANIERE

DE THERMOMETRE.

Ntre les inventions modernes il en est peu de plus utile & de plus curieuse que le Thermometre qui sert à mesurer les degrez de chaleur & de froidure, pour juger de la temperature de l'air selon la diversité des temps. Car comme de tous les elemens il n'en est aucun qui serve plus immediatement à la conservation de la vie, que l'air que nous respirons : il est avantageux d'en bien connoistre les dispositions. C'est ce qu'on avoit peine de faire avant l'invention du Thermometre, parce qu'on ne s'appercevoit de la diversité des états de chaud &

A ij

de froid, que par le changement des ſaiſons, au lieu qu'à preſent on le peut faire de moment en moment : le Thermometre faiſant à l'égard des degrez de chaud & de froid, ce que la Pendule fait à l'égard du temps qu'elle meſure par l'égalité de ſes vibrations.

L'air, ſelon Hippocrate, eſt le meilleur ami de l'homme, ou ſon plus dangereux ennemi, ſuivant les diverſes impreſſions de la chaleur ou de la froidure qu'il peut recevoir & donner. Il eſt donc important à la conſervation de la ſanté, de connoître de ſes diverſes impreſſions : c'eſt ce qui ſe fait aiſément par le moyen du Thermometre. Mais ayant eſté juſqu'à preſent un inſtrument d'une grande ſujétion ſans juſteſſe, & qu'on eſt obligé de tenir fixe & arreſté dans une chambre qui n'eſt preſque jamais dans ſa temperature : ces ſortes de lieux eſtant ordinairement fermez, où on fait ſouvent du feu & diverſes actions capables de changer la diſpofition de l'air ; c'eft ce qui a obligé le fieur du Val de mettre au jour une nouvelle maniere de Thermometre qu'il a inventé, voyant les avantages confiderables que le Public en pouvoit tirer, ayant rendu cét inftrument commode & portatif à la maniere des cadrans folaires & montres de poche, faifant voir à tous momens & en toutes fortes de lieux les changemens qui fe font dans l'air, comme on peut avec les autres voir à tous momens quelle heure il eft. On peut aufii par ce moyen obferver les differences de la temperature de l'air dans divers appartemens d'une mefme maifon, & connoiftre par confequent quels font les plus propres pour la confervation de la fanté de ceux qui les habitent : on peut en un mefme jour remarquer la difference du bon & du mauvais air de divers lieux, puifque pour l'ordinaire le froid & le chaud font une partie confiderable de cette difference.

Il a aufii trouvé le moyen de rendre ſes meſures plus juſtes que celles qui ſe font avec le vin, l'eau de vie, & autres liqueurs, auſquelles on donne différentes couleurs ſujettes à faire du tartre & du limon, laiſſant des croûtes dans les tuyaux de verre où ils ſont enfermez; ce qui ſe diminuë en peu de temps par les effumations qui occupent les parties les plus hautes du Thermometre, dont elles épaiſſiſſent l'air, & la capacité des tuyaux; ce qui les déregle & les rend par ces accidens entiérement inutiles.

Le vif argent preparé, dont le ſieur du Val ſe ſert dans ſon nouveau Thermometre, eſt beaucoup moins ſuſceptible de tous ces accidens, principalement aprés les preparations qu'il en fait, luy oſtant tout ce qui pourroit nuire à la juſteſſe de ſes operations pour la meſure des degrez de chaud & de froid.

La petiteſſe de ſa machine la rend d'autant plus aiſée, qu'elle ſe peut facilement porter par tous pays; ce qui donne lieu à une infinité d'ob-

fervations pour la difference des cli-
mats, des parties du jour & de la
nuit, & autres.

On peut auſſi s'en ſervir tres-utilement pour la cure des corps dans
les maladies : puiſque les habiles
Medecins n'obſervent pas moins la
chaleur du corps dans les accés de
fiévre, que le mouvement des arteres
dont cette chaleur eſt l'effet ou le
principe ; & ſans qu'il ſoit beſoin de
tirer ce petit inſtrument de ſon étuy,
on le peut mettre dans la main du
febricitant dés le moment que l'accés
le prend ; & l'obſervant de temps en
temps on verra juſqu'à quel degré la
chaleur & le froid des accés feront
allez : ce qui ne fera pas d'une petite
utilité aux Medecins pour connoiſtre
la difference des fermentations qui
ſe font dans les humeurs qui entre-
tiennent les periodes des fiévres, au
lieu qu'auparavant on n'en pouvoit,
pour l'ordinaire, remarquer que la
durée.

Le Medecin n'eſtant pas toûjours

prefent pour examiner le pouls & la difpofition du corps par les divers accés de froid & de chaleur qui luy arrivent, la Pendule & le Thermometre deviendront par ce moyen deux gardes fidéles des malades pour en faire connoiftre les accidens de moment en moment. Et comme il y a des temps aufquels il eft à propos de faire precifément des faignées & autres operations fur les corps pour les rendre plus utiles : on peut par le moyen de ces deux guides fidéles les faire avec toute affûrance. On obfervera la mefme chofe pour les remedes dont les qualitez ne confiftent fouvent qu'en certains degrez de chaleur ou de froid, de feichereffe ou d'humidité, qu'il eft important de bien connoiftre pour combattre directement l'intemperie des humeurs qui caufent les indifpofitions, & enfin les maladies.

Ainfi on peut dire qu'avec le fecours de cét inftrument mis dans la main du malade, on aura trouvé, en quelque façon, cette feneſtre du corps que ſouhaitoit un ancien Philoſophe que la Nature euſt faite en nous, pour voir ce qui ſe paſſe au dedans d'une machine compoſée de tant de reſſorts, dont les parties & les mouvemens font voir la ſageſſe de l'Ouvrier qui l'a fait, auſſi-bien que ſa puiſſance infinie.

Cette nouvelle maniere de Thermometre eſt tres-commode, n'ayant au plus que trois pouces de hauteur & demi-pouce de diametre ; ce qui n'empeſche pas qu'on n'y puiſſe remarquer auſſi diſtinctement tous les meſmes degrez de froid & de chaud, qu'on pourroit obſerver dans les plus grands. Il n'eſt d'ailleurs ſujet à aucune alteration ni changement, non pas meſme dans ſon mouvement perpetuel ; ainſi on le peut porter ſur ſoy : cependant plus droit il pourra eſtre porté, plus il ſera dans ſa ſituation naturelle, en le ſuſpendant dans ſon petit étuy à quelque attache ou agraffe, comme on ſuſpendroit une montre à pendule pour la conserver dans une exacte justesse; & lorsqu'on sera arrivé en quelque lieu, & qu'on s'en voudra servir, il ne faudra que l'arrester à quelque tapisserie ou autres choses pareilles, & luy donner loisir de quelque moment pour se rasseoir, parce que l'agitation & la chaleur des corps des personnes qui le portent, luy ostent, pour quelque temps, la disposition dans laquelle il doit estre pour correspondre à celle de l'air, dont on veut connoistre la temperature.

On s'en pourra mesme servir tres-utilement pour marquer les diverses regions de l'air, où le chaud & le froid sont d'une temperature fort inégale, à cause des vapeurs & exhalaisons qui s'élevent de la terre & des rayons du soleil, directs & reflechis ou rompus, qui causent ces inégalitez.

Ainsi on aura le plaisir de voir de combien de degrez sera la difference du chaud & du froid, du pied d'une

montagne à fon fommet, des appartemens bas d'une maifon à ceux qui
font au deffus, du regard du Midy à
celuy du Septentrion , des quartiers
les plus bas d'une ville aux quartiers
les plus hauts , & diftinguer ces airs
vifs & fubtils , épais & groffiers qui
produifent des effets fi differens à
l'égard de la fanté, & qui font pre-
ferer certaines habitations aux autres, pour ceux particuliérement qui
font travaillez du poulmon ou de
quelques autres maladies fafcheufes.
Cét inftrument eft propre à beaucoup d'autres ufages , pour lefquels le
fieur du Val promet de faire un Trai-
té exprés, où il parlera auffi du Ba-
rometre, qui eft pareillement d'une
nouvelle invention, affûrant qu'il ne
s'eft rien vû jufqu'à prefent qui foit
plus fingulier , ni plus digne d'admi-
ration par les beaux effets qui s'y
rencontrent.

Ces inftrumens montrent affez par
eux-mefmes la maniere de s'en bien
fervir, fans qu'il foit befoin d'un plus
long difcours.

Il n'est cependant pas hors de propos de donner icy avis qu'il faut connoistre à peu prés combien de temps le malade qui se servira du Thermometre, le doit tenir dans sa main à chaque reprise, pour connoistre du cours de sa maladie. Et dautant qu'il ne se trouve pas toûjours des Pendules dont on puisse disposer, au defaut de cela il ne faut qu'avoir une aiguillée de fil ou de soye de trois pieds de long, au bout de laquelle on attachera une petite balle de plomb comme de calibre, & suspendant cette aiguillée à quelque plat-fond ou au ciel du lit du malade mesme, en luy donnant un petit mouvement, ce plomb battra les secondes, dont soixante battemens font une minute. De ces battemens il en faudra seulement compter jusqu'à dix ou douze, pendant qu'on tient cét instrument renfermé dans la main, & aussi-tost l'oster, & remarquer à quelle hauteur la liqueur sera montée ou descenduë, par le bouton ou curſeur, qui eſt au derriére, où ſont marquez les degrez ; & ainſi continuer autant de fois qu'on le jugera à propos : ce qui donnera ſans manquer la preciſion qu'on en peut deſirer.

Ceux qui auront de la peine à concevoir quelque choſe de ce petit Diſcours, pourront s'en faire inſtruire par le ſieur du Val, afin qu'il ne reſte rien à deſirer aux amateurs de ces belles ſciences en un ſujet ſi important.

F I N.

Permis d'imprimer. Fait ce 1. Iuin 1683.

DE LA REYNIE.